BEI GRIN MACHT SICH IHR WISSEN BEZAHLT

- Wir veröffentlichen Ihre Hausarbeit, Bachelor- und Masterarbeit

- Ihr eigenes eBook und Buch - weltweit in allen wichtigen Shops

- Verdienen Sie an jedem Verkauf

Jetzt bei www.GRIN.com hochladen und kostenlos publizieren

Amalia Aventurin

Bericht zum "Geohydrochemischen Laborpraktikum" im Vertiefungsmodul "Geohydrochemie"

GRIN Verlag

Bibliografische Information der Deutschen Nationalbibliothek:

Die Deutsche Bibliothek verzeichnet diese Publikation in der Deutschen National-
bibliografie; detaillierte bibliografische Daten sind im Internet über http://dnb.d-
nb.de/ abrufbar.

Impressum:

Copyright © 2012 GRIN Verlag GmbH
Druck und Bindung: Books on Demand GmbH, Norderstedt Germany
ISBN: 978-3-656-35394-2

Dieses Buch bei GRIN:

http://www.grin.com/de/e-book/206443/bericht-zum-geohydrochemischen-labor-
praktikum-im-vertiefungsmodul-geohydrochemie

Bericht zum „Geohydrochemischen Laborpraktikum" vom 12. – 14. März 2012 im Vertiefungsmodul „Geohydrochemie" im WS 11/12

Inhaltsverzeichnis:

1 Einleitung

Das Vertiefungsmodul „Geohydrochemie" dient dazu, basierend auf dem Schwerpunkt Grundwasser und Boden, hydrogeochemische Stoff- und Ökosysteme anhand von hydrogeochemischen, thermodynamischen, kinetischen und mikrobiologischen Daten und Fakten abzuhandeln. In dem daran anschließenden „Geohydrochemischen Laborpraktikum" werden die für eine konkrete Bewertung einer Wasserprobe erforderlichen Verfahrensschritte nachvollzogen. In dem folgenden Praktikumsbericht werden einiger dieser Verfahrensschritte anhand von durchgeführten Versuchen näher erläutert, Wasserproben nach bestimmten Methoden analysiert und die gewonnen Ergebnisse abschließend ausgewertet und interpretiert.

2 Versuch 1: Probennahme, Messung der Vor-Ort-Parameter und Probenvorbehandlung

Die Bestimmung der Vor-Ort-Parameter dient dazu, sich vorab einen Überblick über das zu beprobende Wasser zu verschaffen und durch die Messung des pH-Wertes, der Leitfähigkeit, des Sauerstoff-Gehaltes und der Temperatur eine grobe Einschätzung des Standortes zu gewinnen. Die anschließend korrekte Probennahme, Probenvorbehandlung und der Transport sind für die Erhaltung verwertbarer Laborergebnisse von Bedeutung. Neben der, zusammen durchgeführten, Grundwasserprobennahme hat jede der insgesamt drei Gruppen noch eine eigene Wasserprobe mitgebracht: Gruppe 1 brachte Rheinwasser mit, Gruppe 2 Wasser aus dem See Nordpark in Münster und Gruppe 3 brachte Brunnenwasser aus Lingen zu dem Praktikum mit.

Zur Vorbereitung dieses Versuchs werden zunächst die pH-, Leitfähigkeits- und Sauerstoffelektrode des Multikoffers kalibriert, was anhand einer beigelegten Bedienungsanleitung durchgeführt wurde. Wenn eine korrekte Funktion der Elektroden gewährleistet ist, werden zunächst die genannten Parameter anhand der mitgebrachten Probe gemessen. Die Ergebnisse hierfür befinden sich in Tabelle 1. Anschließend wird der Multikoffer, zusammen mit den Probennahmegefäßen, Probennahmeprotokollen, Schreibzeug und einer Kühlbox, mit ins Gelände zur Probennahme genommen.

Für diesen Versuch wurde ein 27m tiefes, offenes Grundwasser-Bohrloch, dessen Öffnung im Emscher-Mergel steht, an der Corrensstraße 24 in Münster gewählt. Das standfeste Vollrohr ist 6,5m lang und die Pumpe hängt in etwa 8,3m Tiefe. Um eine repräsentative Probe zu erhalten, muss zunächst das 2-fache Volumen des Grundwassers ausgetauscht werden. Mit Hilfe der Formel $\pi \cdot r^2 \cdot h$ ergibt sich somit eine auszutauschende Wassermenge von 1,48m². Bei einer konstanten Förderrate von 3,42 L/min würde dies jedoch zu viel Zeit in

Anspruch nehmen, weswegen der Grundwasser-Austausch auf eine Dauer von etwa 10 Minuten beschränkt wurde. Anschließend werden, mit Hilfe des Multikoffers, der pH-Wert, die Leitfähigkeit, die Temperatur und der Sauerstoffgehalt gemessen. Die gewonnen Ergebnisse sind in Tabelle 1 zu sehen. Für die Probennahme werden die mitgebrachten Plastikgefäße - pro Gruppe zweimal 1Liter - zweimal mit dem Grundwasser ausgespült und anschließend luftblasenfrei befüllt. Eine Probenflasche wird separat befüllt, da diese vorab mit Salpetersäure zur Ansäuerung befüllt wurde. Alle Proben werden in einer Kühlbox zum Labor transportiert. Dort werden die Proben für die folgenden Versuche vorbehandelt, in beschriftete Plastikflaschen gefüllt und anschließend im Kühlschrank gekühlt: Für die Anionen- und Nitratbestimmung, für die Säure/Basekapazität und die Schnelltests werden die Wasserproben über einen Faltenfilter der Porenweite 0,45µm gefiltert. Für die Gesamthärtebestimmung wird die Probe noch zusätzlich mit Salpetersäure angesäuert, bis sich für die Grundwasserprobe ein pH-Wert von 1,82 und für die Brunnenwasserprobe ein pH-Wert von 1,79 eingestellt hat. Für die Kationenmessung, die DOC-/DIC-, BSB_2- und Keimzahlbestimmung werden die Proben ungefiltert gelassen.

	Brunnenwasser	Grundwasser
pH-Wert	6,45	7,09
Redoxpotential	-----	-47mV
Sauerstoffgehalt	3,36 mg/L (22% Sättigung)	0,09 mg/L (1,1% Sättigung)
Leitfähigkeit	400 µS/cm	27-38 µS/cm
Wassertemperatur	7°C (Kühlschrank)	13,6°C

Tabelle 1: Ergebnisse der Vor-Ort-Parameter, bestimmt anhand verschiedener Elektroden, die sich in einem Multikoffer befanden

Vor allem die Temperatur des Grundwassers entspricht nicht der Richtzahl (RZ) „für Trinkwasser gemäß EG-Richtlinie" (Hütter, 1992). Diese liegt bei 12°C. Dennoch liegt die Temperatur unter dem zulässigen Höchstwert von 25°C. Über das Brunnenwasser kann hinsichtlich der Temperatur keine Aussage getroffen werden, da der gemessene Wert der Lagerungstemperatur im Kühlschrank entspricht. Der pH-Wert liegt dagegen innerhalb der Richtzahl von 6,5-8,5. Die Leitfähigkeit liegt beim Brunnenwasser an der Obergrenze des Richtwertes von 400µS/cm. Das Grundwasser hingegen liegt weit darunter, was jedoch keine schlechte Eigenschaft ist, denn unterhalb von 160µS/cm gilt das Wasser als mineralarm und somit als „gutes Trinkwasser" (www.aquafontane.de, 2012). Der Sauerstoffgehalt unterschreitet bei beiden Wasserproben die fischkritische Konzentration von 4mg/L und ist bei beiden Proben zu niedrig. Beim Grundwasser, aber auch zum Teil beim Brunnenwasser, kann von reduzierenden Bedingungen gesprochen werden. Beim Grundwasser äußert sich dies durch einen Schwefelgeruch, der jedoch erst nach geraumer Pumpzeit auftritt. In der Regel gehen reduzierende Bedingungen auch einher mit einer

Trübung des Wassers, hervorgerufen durch Ausfällung von Eisen und Mangan bei Sauerstoffkontakt. Dies war jedoch beim Grundwasser nicht zu beobachten, beim Brunnenwasser hingegen schon. Auch war bei der Brunnenwasserprobe ein schwacher Schwefelgeruch festzustellen. Der letzte gemessene Parameter ist das, vom pH-Wert abhängige, Redoxpotential, was nur bei der Grundwasserprobe gemessen wurde. Der erhaltene Wert von -47mV ist dabei sehr niedrig, was auf eine geringe Oberflächenspannung und somit auf ein großes biologisches Selbstreinigungsvermögen hindeutet (www.wasserladen.de, 2012).

3 Versuch 2: Bestimmung der Anionen und Kationen mittels IC und ICP-OES

Die Verfahren der Ionenchromatographie (IC) und der optischen Emissionsspektroskopie mittels induktiv gekoppelten Plasmas (ICP-OES) dienen dazu, schnelle und präzise Aussagen über die Kationen und Anionen einer Wasserprobe zu erhalten. Dabei beschränkt sich das ICP-OES auf die vorhandenen Kationen (Ca^{2+}, Mg^{2+}, Na^+, K^+, Mn^{2+}, Fe^{2+}). Das Prinzip dieses Messverfahrens beruht auf der Verwendung eines ionisierten, elektronenreichen Gases – auch Plasma genannt – als Strahlungsquelle. Als Plasma wird hierbei das einatomige Edelgas Argon verwendet, welches zur Anregung der optischen Emission auf ca. 6.000-12.000 K erhitzt wird. Die Erhitzung erfolgt dabei mittels eines Teslafunkens „durch das in den Spulen anliegende Hochfrequenzfeld" (www.wikipedia.de, ICP-OES, 2011) von 27-40MHz. Die vorhandenen freien Elektronen werden dadurch beschleunigt und heizen, durch Kollision mit der Atomoberfläche, das System auf. Die Induktion der flüssigen, zerstäubten Probe erfolgt anschließend durch den Plasmastrom. Dabei wird die Probe durch das Edelgas Argon zur Aussendung von Licht angeregt. Das so emittierte Licht wird anschließend zerlegt und durch einen Elektronenvervielfacher in ein elektrisches Signal umgewandelt (www.mbgc.icbm.de). Ein eingebauter Echelle-Polychromator ermöglicht eine weitreichende Detektion der abgesonderten Wellenspektren und eine gleichzeitige Bestimmung mehrerer Kationen. Die Ionenchromatographie dagegen wird zur Bestimmung vorhandener Anionen (F^-, Cl^-, NO_2^-, NO_3^-, SO_4^{2-}, PO_4^{3-}) herangezogen. Der Hauptbestandteil dieser Methode ist eine analytische Trennsäule, die aus einer stationären Phase auf Polymerbasis besteht. Die Säule selbst besteht aus Epoxidharz. Die stationäre Phase ist dabei unveränderlich in ihrer Position und Materialeigenschaft und dient dazu, die Anionen aus der zu analysierenden Probe herauszulösen und an seine Oberfläche zu binden. Dabei erfolgt die Trennung anhand der Wertigkeit, Polarität, Ionenpaarbildung, Ionenaustausch- und Ionenausschlussfähigkeit der Ionen. Anschließend wird eine mobile Phase, bestehend aus der zu analysierenden Probe und einem Eluenten, mit Hilfe einer

Pumpe durch das System befördert. Die Probe wird dabei per Schleifeninjektion in das System eingefügt. Der Eluent, bestehend aus $NaHCO_3$, Na_2CO_3 und Wasser, dient dazu, die gebunden Anionen aus der stationären Phase, durch Bildung von Hydrathüllen, wieder aus dem System zu lösen, um einen Nachweis der Ionen zu ermöglichen. Da der verwendete Ionenchromatograph auf einer Detektion mittels Leitfähigkeitsmessung beruht, ist es erforderlich, das vorhandene Natrium aus dem Eluenten zu entfernen. Dazu kommt als Kationenaustauscher ein Supressor zum Einsatz, der durch seine vorhandenen H^+ und H_3O^+-Ionen das Natrium ersetzt. Dadurch sinkt die Grundleitfähigkeit des verwendeten Elektrolyten und erhöht stattdessen die Leitfähigkeit der zu analysierenden Probe. Die Leitfähigkeit der unterschiedlichen Ionen beruht wiederum auf ihrer Wertigkeit: Je höher die Wertigkeit, desto größer sind die gebildete Hydrathüllen und desto „schneller" sind die Ionen. Deshalb sind die ersten Ionen, die am Detektor ankommen, Fluorid und anschließend Chlor. Erst danach folgen Nitrit, Nitrat, Phosphat und zuletzt Sulfat. Die Auswertung der Analyse erfolgt abschließend am Computer. Dabei werden die erhaltenen Leitfähigkeitsmesswerte gegen die Zeit abgetragen. Anhand der Fläche der Peaks können genau die Konzentrationen der nachzuweisenden Ionen festgestellt werden (www.wikipedia.de, Ionenaustausch-chromatographie, 2011).

In der nachfolgenden Tabelle 2 sind die erhaltenen Ergebnisse aus beiden Messverfahren aufgelistet.

		Gruppe 1	Gruppe 2	Gruppe 3	Grundwasser
Kationen [mg/L]	Natrium	44,44	25,35	15,37	17,35
	Magnesium	11,96	5,82	2,63	18,64
	Kalium	4,23	5,08	4,61	2,71
	Calcium	83,90	89,30	64,50	141,0
	Eisen	0,11	0,33	0,11	0,58
	Barium	0,05	0,05	0,03	0,35
Anionen [mg/L]	Fluorid	0,14	0,15	0,23	0,38
	Chlorid	67,80	25,87	17,41	55,69
	Bromid	0,13	0,05	0,00	0,00
	Nitrit	0,00	0,00	0,18	0,00
	Nitrat	11,65	0,06	8,59	2,13
	Phosphat	0,00	0,00	0,00	0,00
	Sulfat	66,60	74,93	31,64	42,91
	Hydrogencarbonat	192,81	198,92	148,27	367,93

Tabelle 2: Kationen- und Anionenkonzentration, bestimmt mittels IC und IC-OES

Die Menge an Hydrogencarbonat richtet sich dabei nach dem Säureverbrauch, ermittelt in Versuch 6. Dabei ergibt sich für Gruppe 1 ein Säureverbrauch von 3,16ml, für Gruppe 2 3,26ml, für Gruppe 3 2,43ml und für das Grundwasser 6,03ml. Anhand dieser Werte lässt sich der $Ks_{4,5}$ anhand folgender Formel berechnen: $\frac{V\,[ml]\cdot\,0,1\,[c(HCl)]}{100ml\,(Probenvolumen)}$. Daraus ergibt sich für das Grundwasser folgender Wert: $Ks4,5 = \frac{6,03\,[ml]\cdot\,0,1\,[c(HCl)]}{100ml\,(Probenvolumen)} = 0,00603$. Für Gruppe 1 ergibt sich demnach $Ks_{4,5}=0,00316$, für Gruppe 2 $Ks_{4,5}=0,00326$ und für Gruppe 3 $Ks_{4,5}=0,00243$. Aus diesen Werten lässt sich nun nach folgender Formel der Gehalt an Hydrogencarbonat berechnen: $HCO3- = Ks4,5 \cdot \frac{61,017g}{mol}[HCO3\,-]\cdot 1000$ (www.wikipedia.de, Wasseranalyse, 2011). Somit ergeben sich die Hydrogencarbonatwerte, die auch in der Tabelle 2 zu sehen sind. Anhand der ermittelten Werte lässt sich weiterhin die Äquvialentkonzentration berechnen. Dazu müssen zunächst die erhalten Messergebnisse in mg/L in die Stoffmengenkonzentration (c [mmol/L]) umgerechnet werden. Dies erfolgt dadurch, dass die obigen Ergebnisse durch die jeweilige molare Masse des chemischen Elements geteilt werden. Daraus ergeben sich die nachfolgenden Ergebnisse aus Tabelle 3.

		Molare Masse [g/mol]	Gruppe 1 (c) [mmol/L]	Gruppe 2 (c) [mmol/L]	Gruppe 3 (c) [mmol/L]	Gw (c) [mmol/L]
Kationen	Natrium (Na^+)	23	1,93	1,10	0,67	0,75
	Magnesium (Mg^{2+})	24,3	0,49	0,24	0,11	0,77
	Kalium (K^+)	39,1	0,11	0,13	0,12	0,07
	Calcium (Ca^{2+})	40,1	2,09	2,23	1,61	3,52
	Eisen (Fe^{2+})	55,8	0,0019	0,0059	0,0020	0,0104
	Barium (Ba^{2+})	137,3	0,0004	0,0003	0,0002	0,0025
Anionen	Fluorid (F^-)	19	0,002	0,001	0,00	0,00
	Chlorid (Cl^-)	35,5	0,01	0,01	0,01	0,02
	Bromid (Br^-)	79,9	1,91	0,73	0,49	1,57
	Nitrit (NO_2^-)	46	0,00	0,00	0,0038	0,00
	Nitrat (NO_3^-)	62	0,19	0,00	0,14	0,03
	Phosphat (PO_4^{3-})	95	0,00	0,00	0,00	0,00
	Sulfat (SO_4^{2-})	96,1	0,69	0,78	0,33	0,45
	Hydrogencarbonat (HCO_3^-)	61	3,16	3,26	2,43	6,03

Tabelle 3: Umrechnung der Messergebnisse in die Stoffmengenkonzentration (c [mmol/L]) anhand der molaren Masse [Anmerkung: Die Tabelle wurde mit Hilfe von Excel berechnet, sodass sich, aufgrund der Genauigkeit von Excel, Abweichungen in den Nachkommastellen der Beispielrechnung ergeben können]

Anhand dessen kann, nach Hölting et al. (2009), die Äquivalentkonzentration nach folgender Formel berechnet werden: $c(eq) = c\left(\frac{mmol}{L}\right) \cdot z$, wobei mit „z" die Wertigkeit gemeint ist. Für beispielsweise Natrium und Chlor entspricht z=1, da beide Stoffe einfach positiv, bzw. negativ, geladen sind. Für beispielsweise Eisen und Sulfat ist z=2 usw. Die aus dieser Formel resultierenden Ergebnisse für alle Wasserproben sind in Tabelle 4 zu sehen.

		Gruppe 1 (c_{eq} in mmol/L)	Gruppe 2 (c_{eq} in mmol/L)	Gruppe 3 (c_{eq} in mmol/L)	Gw (c_{eq} in mmol/L)
Kationen [mg/L]	Natrium (z=1)	1,93	1,10	0,67	0,75
	Magnesium (z=2)	0,98	0,48	0,22	1,53
	Kalium (z=1)	0,11	0,13	0,12	0,07
	Calcium (z=2)	4,18	4,45	3,22	7,03
	Eisen (z=2)	0,0038	0,0118	0,0039	0,0207
	Barium (z=2)	0,0007	0,0007	0,0004	0,0051
Anionen [mg/L]	Fluorid (z=1)	0,002	0,001	0,00	0,00
	Chlorid (z=1)	0,01	0,01	0,01	0,02
	Bromid (z=1)	1,91	0,73	0,49	1,57
	Nitrit (z=1)	0,00	0,00	0,0038	0,00
	Nitrat (z=1)	0,19	0,00	0,14	0,03
	Phosphat (z=3)	0,00	0,00	0,00	0,00
	Sulfat (z=2)	1,39	1,56	0,66	0,89
	Hydrogencarbonat (z=1)	3,16	3,26	2,43	6,03

Tabelle 4: Berechnung der Äquivalentkonzentration anhand der errechneten Stoffmengenkonzentration [Anmerkung: Die Tabelle wurde mit Hilfe von Excel berechnet, sodass sich, aufgrund der Genauigkeit von Excel, Abweichungen in den Nachkommastellen der Beispielrechnung ergeben können]

Aus diesen Ergebnissen lässt sich abschließend, anhand der Summe der Kationen und Anionen, der Ionenbilanzierungsfehler nach folgender Formel berechnen:

$$Ionenbilanzierungsfehler\ [\%] = \frac{\Sigma\ Kationen - \Sigma\ Anionen}{\Sigma\ Kationen + \Sigma\ Anionen} \cdot 100$$

Daraus ergibt sich für die Grundwasserprobe bei einer Kationensumme von 9,42 und einer Anionensumme von 8,55 ein Ionenbilanzierungsfehler von 4,83%:

$$Ionenbilanzierungsfehler\ [\%] = \frac{9,42-(8,55)}{9,42+(8,55)} \cdot 100 = 4,84\%$$

Die errechneten Kationen- und Anionensummen und die dazugehörigen Ionenbilanzierungsfehler, sind in Tabelle 5 zu sehen.

	Gruppe 1	Gruppe 2	Gruppe 3	Gw
Summe: Kationen [m_{eq}/L]	7,21	6,18	4,22	9,42
Summe: Anionen [m_{eq}/L]	6,65	5,56	3,73	8,55
Ionenbilanzierungsfehler [%]	4,04	5,27	6,16	4,83

Tabelle 5: Aufsummierung der Kationen und Anionen und Berechnung des Ionenbilanzfehlers [Anmerkung: Die Tabelle wurde mit Hilfe von Excel berechnet, sodass sich, aufgrund der Genauigkeit von Excel, Abweichungen in den Nachkommastellen der Beispielrechnung ergeben können]

Hierbei zeigt sich, dass die Ionenbilanzierung nicht ausgeglichen ist, denn im Idealfall muss die Kationensumme annähernd der Anionensumme entsprechen. Hierbei überschreitet jedoch durchweg die Kationen- die Anionensumme. Toleriert wird, nach dem Deutschen Verband für Wasserwirtschaft und Kulturbau (DVWK, 1992) ein Ionenbilanzfehler von 2%, bei einer Äquivalent-Ionensumme über 2m_{eq}/L, der hier deutlich überschritten wird. Begründet könnte der hohe Ionenbilanzfehler in einer fehlerhaften Probennahme oder Probenvorbehandlung liegen. Ein weiterer Grund wäre, dass eventuell nicht alle Anionen gemessen wurden, die wirklich in den Wasserproben vorhanden sind, sondern nur die Häufigsten, oder aufgrund „der Einbindung von Kationen in chemischen Komplexen, die im Analysengang nicht aufgelöst wurden" (Hölting et al. 2009, S.181) nicht alle erfasst werden konnten.

Anhand der ausgerechneten Äquivalentkonzentrationen, lässt sich nun das Piper-Diagramm, zur Typisierung der Wasserproben erstellen. Dabei geht man wie folgt vor: Zunächst werden jeweils die Kationen Ca^{2+}, Mg^{2+}, und $Na^{+}+K^{+}$ und die Anionen Cl^{-}, HCO_3^{-} und $SO_4^{2-}+NO_3^{2-}$ addiert. Daraus ergibt sich für das Grundwasser:

$$\Sigma\ Kationen = 7{,}03 + 1{,}53 + 0{,}07 + 0{,}75 = 9{,}38\ \frac{meq}{L}$$

$$\Sigma\ Anionen = 1{,}57 + (6{,}03) + (0{,}89) + (0{,}03) = 8{,}53\ \frac{meq}{L}$$

Anhand dessen werden die Kationen und Anionen jeweils auf 100% hochgerechnet. Beispielhaft ergibt sich daraus:

$$Ca\ 2+ [100\%] = \frac{7{,}03\ meq/L}{9{,}38\ meq/L} \cdot 100\% = 74{,}95\ \frac{meq}{L}$$

$$Cl - [100\%] = \frac{1{,}57\ \frac{meq}{L}}{8{,}53\ \frac{meq}{L}} \cdot 100\% = 18{,}41\ \frac{meq}{L}$$

Anhand dieser Vorgehensweise ergeben sich die Werte für alle Wasserproben in der nachfolgenden Tabelle 6.

	Gruppe 1	Gruppe 2	Gruppe 3	Gw
Summe Kationen [meq/L]	7,21	6,16	4,22	9,39
Summe Anionen [meq/L]	6,64	5,55	3,72	8,53
Magnesium [100%]	13,65	7,77	5,14	16,34
Calcium [100%]	58,04	72,24	76,23	74,89
Natrium + Kalium [100%]	28,30	19,99	18,63	8,77
Chlor [100%]	28,74	13,13	13,19	18,39
Hydrogencarbonat [100%]	47,57	58,75	65,37	70,73
Sulfat + Nitrat [100%]	23,69	28,12	21,44	10,87

Tabelle 6: Aufsummierung der, für das Piper-Diagramm relevanten, Anionen und Kationen auf 100% [Anmerkung: Die Tabelle wurde mit Hilfe von Excel berechnet, sodass sich, aufgrund der Genauigkeit von Excel, Abweichungen in den Nachkommastellen der Beispielrechnung ergeben können]

Diese Werte können anschließend auf dem Piper-Diagramm, innerhalb der Dreiecke für Kationen bzw. Anionen, eingetragen werden. Die Verlängerung der jeweiligen Punkte innerhalb des Viereck-Diagramms ermöglicht eine Typisierung der Proben. Somit ergibt sich nach der Einteilung von Furtak und Langguth (1967) (www.geoconcept-systeme.de), die nachfolgende Einteilung in Tabelle 7.

Gruppe 1	Gruppe 2	Gruppe 3	Grundwasser
Rheinwasser	See Nordpark, Münster	Brunnenwasser, Lingen	Corrensstraße 24, Münster
Typ „d"	Typ „b" bis „d"	Typ „a" bis „d"	Typ „a" bis „d"
Erdalkalisch mit höherem Alkaligehalt	Normal erdalkalisch bis erdalkalisch	Normal erdalkalisch bis erdalkalisch	Normal erdalkalisch bis erdalkalisch
Überwiegend hydrogen-carbonatisch	hydrogen-carbonatisch – (sulfatisch)	hydrogen-carbonatisch – (sulfatisch)	hydrogen-carbonatisch – (sulfatisch)

Tabelle 7: Erhaltene Grundwassertypisierung für alle vier Wasserproben anhand des Piper-Diagramms

Der Fehler der Ionenbilanz, mit einer erhöhten Kationensumme, führt sich beim Eintragen in das Piperdiagramm fort. So sind die errechneten Kationensummen nicht ausgeglichen, sodass sich bei Gruppe 2 und 3 und dem Grundwasser in diesem Bereich zwangsläufig zwei Plottungen ergeben. Die einzige Ausnahme bildet die Probe der Gruppe 1. Bei dieser Wasserprobe, die den geringsten Ionenbilanzfehler aufweist, stimmen Kationen- und Anionensummen miteinander überein. Die fehlerhafte Kationenmessung bei den anderen Proben ergibt, dass keine genaue Aussage über die genaue Wasserprobe gemacht werden kann, sondern wieder nur ein Spektrum erfasst werden kann, indem sich das Wasser befindet, wie auch schon in Tabelle 7 zu sehen ist. Die Anionensumme dagegen ist bei allen Wasserproben in sich schlüssig. Auffällig ist jedoch, dass bei allen Proben ein erhöhter Carbonatanteil gemessen wurde. Beim Grundwasser ergibt sich dies aus der Lösung des carbonatischen Untergrunds, da hier das Vollrohr im Emscher-Mergel steht. Auch bei den anderen Gruppen muss ein solcher carbonatreicher Untergrund vorhanden sein. Der sulfatische Anteil stammt eventuell aus der Lösung von schwefelreichen Mineralen und Gesteinen im Untergrund, beispielsweise Gips ($CaSO_4 \cdot \frac{1}{2} H_2O$).

4 Versuch 3: Bestimmung des biochemischen Sauerstoffbedarfs (BSB$_2$)

Der biochemische Sauerstoffbedarf (hier: BSB_2) ist ein Maß dafür, wie viel Sauerstoff Bakterien innerhalb von zwei Tagen und bei einer Temperatur von ungefähr 20°C (Brutschrank) verbrauchen. Somit liefert dieser Wert eine Aussage über die Bioabbaubarkeit von Substanzen und die Sauerstoffzehrung von Gewässern und ist somit ein Maß für die organische Belastung von Wässern (www.wasser-wissen.de). In der Regel wird dieses Verfahren bei Abwässern angewendet und auch die Bestimmung über längere Zeiträume ist möglich. Üblich ist dabei eine Bebrütungszeit von fünf Tagen (BSB_5).

Bei der Messung dieses Parameters geht man wie folgt vor: Zunächst werden 300ml der ungefilterten Wasserprobe genommen und der Sauerstoff-Gehalt, sowie die Temperatur gemessen. Für die Brunnenwasserprobe erhält man einen Sauerstoffgehalt von 3,36 mg/L und somit eine Sauerstoffsättigung von 33%. Die Temperatur der gekühlten Probe beträgt 10,4°C. Anschließend wir die Probe in einem Becherglas einige Minuten lang mit Druckluft belüftet. Der Sauerstoffgehalt nach der Belüftung beträgt 10,21 mg/L, was einer Sättigung von 90,1% entspricht. Die Temperatur beträgt nun 12,8°C. Die durchgeführte Belüftung dient dazu, Verunreinigungen zu entfernen, die beispielsweise durch die Abschöpfung des Wassers oder durch Umfüllungen entstanden sind (Lenntech B.V, 1998-2011). Von der belüfteten Probe werden abschließend etwa 250ml in eine Glasflasche, luftblasenfrei und randvoll, umgefüllt und mit einem Stopfen versehen. Die Glasflasche wird nun für 48 Stunden im Dunkeln bei etwa 20°C inkubiert. Nach Ablauf der Zeit wird wieder der Sauerstoffgehalt gemessen, welcher beim Brunnenwasser 8,07mg/l beträgt. Diese Methodik der BSB-Messung liefert abschließend lediglich Werte über den organischen Wasserinhalt, der biologisch abbaubar ist. Somit ist dieser Wert nicht direkt vergleichbar mit anderen Messmethoden, wie beispielsweise der TOC-/DOC-Analyse, die sich nur auf den organischen Kohlenstoff beziehen und keine Aussauge über die bakterielle Aktivität liefern. Eine größere Abweichung zwischen BSB und TOC/DOC würde daher wahrscheinlich auf anthropogene Verunreinigungen hindeuten, die nicht durch Mikroorganismen abgebaut werden können.

Die Ergebnisse aller Wasserproben vor und nach der Inkubation befinden sich in Tabelle 8, wobei bei den Werten zu berücksichtigen ist, dass sich der Wert unter „Ende" auf die Sauerstoffmessung nach der Belüftung bezieht und der Wert unter „Anfang" auf den Sauerstoffgehalt nach 48 Stunden.

Gruppe 1		Gruppe 2		Gruppe 3		Grundwasser	
Ende	Anfang	Ende	Anfang	Ende	Anfang	Ende	Anfang
10,71mg/l	7,43mg/l	8,59mg/l	4,58mg/l	10,21mg/l	8,07mg/l	8,31mg/l	7,15mg/l

Tabelle 8: Gemessene Sauerstoffgehalte vor und nach der Belüftung

Der BSB_2- Wert ergibt sich nun aus der Differenz des Anfangs- und Endwertes. Die ermittelten Ergebnisse sind in Tabelle 9 zu sehen.

	Gruppe 1 Rheinwasser	Gruppe 2 Seewasser	Gruppe 3 Brunnenwasser	Grundwasser
BSB_2 [mg/L]	3,28	4,01	2,14	1,16

Tabelle 9: Errechnete BSB_2-Werte aus der Differenz zwischen „Anfangs-," und „Endwert"

Anhand dieser Werte lässt sich nun die jeweilige Wasserprobe in eine der fünf Güteklassen (Saprobitätsstufen) nach Hütter (S.109, 1992) einstufen:

	Gruppe 1 Rheinwasser	Gruppe 2 Seewasser	Gruppe 3 Brunnenwasser	Grundwasser
Güteklasse nach Hütter (S.109, 1992)	II (3-4mg/L O2)	II/III (3-4mg/L O_2)	I/II (2-4mg/L O_2)	I (bis 2mg/L O_2)
	Mäßig belastet	Mäßig bis leicht kritisch belastet	Gering belastet	Unbelastet bis gering belastet

Tabelle 10: Einteilung der Wasserproben in Güteklassen anhand der BSB_2-Werte nach Hütter (1992)

Nach dieser Einteilung weist das Rheinwasser zwar eine geringe Verunreinigung auf, die Güteklasse deutet aber auch auf eine gute Sauerstoffversorgung und einen gewissen Artenreichtum hin (www.wasser-wissen.de). Das See- und Brunnenwasser weisen hingegen auf einen Gewässerabschnitt hin, der eine kritische Belastung von organischen sauerstoffzehrenden Stoffen enthält, was mögliches Fischsterben und einen Rückgang der Artenvielfalt an Makroorganismen durch ein Sauerstoffdefizit bewirken kann, was im Gegenzug eine Anhäufung von Algen und Bakterien erzeugt (www.wasser-wissen.de). Diese Güteklasse deutet auf eine mögliche Einleitung von Abwässern hin. Das Grundwasser dagegen weist mit seiner Güteklasse auf ein reines, stets annähernd sauerstoffgesättigtes, nährstoffarmes Wasser mit einem geringen Gehalt an Bakterien hin (www.wasser-wissen.de).

Eine wichtige Anmerkung wäre noch, dass alle Literaturverweise, die sich auf die Einteilung nach Güteklassen beziehen, auf einen BSB_5 basieren. Im Praktikum wurde jedoch nur der BSB_2 durchgeführt, weshalb keine Garantie für die Richtigkeit der Güteklassen gegeben werden kann.

5 Versuch 4: Bestimmung der Gesamtkeimzahl

Um Wasser als Trinkwasser zuzulassen, muss vorher die bakterielle Belastung der Gewässer bekannt sein, denn viele Bakterien sind Auslöser verschiedenster Krankheiten und Infektionen. Um ein möglichst breites Spektrum verschiedener Mikroorganismenarten zu bekommen und somit eine genaue Aussage über die bakterielle Gewässerbelastung zu erlangen, wird die Bestimmung der Gesamtkeimzahl auf einem Plate-Count-Agar-Nährboden, bei einer ungefähren Bebrütungstemperatur von 36°C, durchgeführt. Bei dieser Temperatur werden vor allem die Bakterien identifiziert, „die mit Fäkalien aus dem Darm warmblütiger Tiere assoziiert sind" (www.wikipeida.de, Gesamtkeimzahl, 2012) und somit auch im menschlichem Darm überleben und sich ausbreiten können, wie beispielsweise Escherichia coli, Salmonellen, Staphylokokken und Pseudomonaden. Dieselbe Methode wird auch bei einer Bebrütungstemperatur von etwa 20°C durchgeführt. Dabei werden vor allem die Bakterien gewonnen, die frei in der Umwelt leben.

Bei der Gesamtkeimzahlbestimmung bei 36°C wird zunächst von der ungefilterten und gekühlten Wasserprobe eine Verdünnungsreihe mit vier Verdünnungsstufen (10^0, 10^{-1}, 10^{-2} und 10^{-3}) hergestellt. Anschließend wird jeweils 1ml der verdünnten Proben in zwei sterile Petrischalen pipettiert. Dieser doppelte Ansatz dient dazu, die erhaltenen Werte abschließend auf ihre Stimmigkeit hin zu überprüfen. Der vor Versuchsbeginn verflüssigte Agar wird auf 45°C heruntergekühlt und anschließend in die Petrischalen gefüllt und sofort verschlossen. Die Wasserprobe und der Agar sollten nun möglichst vorsichtig in einer 8-förmigen Bewegung vermischt werden, sodass der Agar sich nur in der Petrischale und nicht auf dem Deckel verteilt. Wenn der Agar erstarrt ist, werden die Petrischalen umgedreht und für 48 Stunden im Trockenschrank bebrütet. Nach Ablauf der Zeit, werden die einzelnen gebildeten Bakterienkolonien gezählt, wobei nur Platten mit über 10 und unter 300 Kolonien gewertet werden, da Kolonien unter 10 schon auf ein sehr reines und sauberes Wasser hindeuten. Die Gewässer, die über 300 einzelne Kolonien liefern, werden erst gar nicht als Trinkwasser zugelassen. Dabei entspricht eine Kolonie oder Koloniebildende Einheit (KBE) nicht einem Keim oder Bakterium, sondern einer Anhäufung von Hunderttausend bis

Milliarden von Bakterien, die sich lediglich zu einer Kolonie zusammengeschlossen haben und so für das bloße Auge sichtbar sind (www.paul-ehrlich-schule.de). Für die einzelnen Gruppen ergeben sich dabei folgende, in Tabelle 11 zu sehende, Kolonienanzahlen, wobei zu berücksichtigen ist, dass Gruppe 1 statt der üblichen Verdünnung, folgende Verdünnungsreihe gewählt hat: $10^{-1,1}$, $10^{-2,1}$ und $10^{-3,1}$.

Verdünnung	Gruppe 1		Gruppe 2		Gruppe 3		Grundwasser	
10^{0}	>300	>300	>300	>300	4	72	<10	<10
10^{-1}	>300	>300	>300	219	32	217	<10	<10
10^{-2}	>300	250	151	164	111	127	<10	<10
10^{-3}	229	155	234	213	92	133	<10	<10

Tabelle 11: Anzahl an Kolonien innerhalb der verschiedenen Verdünnungsstufen

Die Werte der Koloniebildenden Einheiten ergeben sich aus den Mittelwerten der einzelnen Proben und sind in Tabelle 12 dargestellt.

Verdünnungsreihe	Gruppe 1	Gruppe 2	Gruppe 3	Grundwasser
10^{0}	> 300 KBE/ml	>300 KBE/ml	38 KBE/ml	< 10 KBE/ml
10^{-1} ($10^{-1,1}$ bei G. 1)	> 300 KBE/ml	259,5 KBE/ml	124,5 KBE/ml	< 10 KBE/ml
10^{-2} ($10^{-2,1}$ bei G. 1)	275 KBE/ml	157,5 KBE/ml	119 KBE/ml	< 10 KBE/ml
10^{-3} ($10^{-3,1}$ bei G. 1)	192 KBE/ml	223,5 KBE/ml	112,5 KBE/ml	< 10 KBE/ml

Tabelle 12: KBE/ml für die Verdünnungsreihen, errechnet aus den Mittelwerten der jeweiligen Verdünnungsstufe

Abschließend wird noch der Wert der KBE für jede Wasserprobe anhand eines Mittelwerts errechnet. Dabei ergeben sich für die verschiedenen Wasserproben folgende Ergebnisse: Für das Rheinwasser der Gruppe 1 ergibt sich eine hohe Bakterienbelastung von 266,75 KBE/ml, genauso für das Seewasser der Gruppe 2 mit 235,125 KBE/ml. Für das Brunnenwasser der Gruppe 3 ergibt sich eine mittlere Bakterienbelastung von 98,5 KBE/ml und für das Grundwasser keine bakterielle Belastung (<10 KBE/ml). Nach der deutschen Trinkwasserverordnung von 2011 beträgt die Obergrenze 100 KBE/ml. Damit ist das Rhein- und Seewasser unter keinen Umständen zum Trinken geeignet. Das Brunnenwasser ist dagegen gerade noch zum Trinken geeignet, während das Grundwasser ohne Bedenken getrunken werden kann. Die geringe Anzahl an Bakterien im Grundwasser ist auch ein Indiz für anoxische Bedingungen, da die ermittelten Bakterien nicht in einem aeroben Milieu wachsen können. Der KBE-Wert liefert jedoch keine Aussage über anaerobe Bakterien, die sich womöglich im Wasser befinden. Das Rhein- und Seewasser befindet sich dagegen im oxischen Milieu, das Brunnenwasser hingegen befindet schon bei leicht reduzierenden Bedingungen.

Inwiefern die erhaltenen Ergebnisse, speziell bei der Brunnenwasserprobe von Gruppe 3, einen repräsentablen Wert darstellen, kann nicht genau gesagt werden, da besonders bei der Verdünnungsstufe 10^0 und 10^{-1} eine sehr hohe Austrocknung des Agars innerhalb des Bebrütungszeitraumes stattfand, da auch zu wenig Nährlösung vorhanden war: Fast 50% des Nährbodens sind ausgetrocknet, was ein optimales Wachstum der Bakterien verhindert und auch die relativ geringen KBE-Werte bei diesen Verdünnungsstufen erklären würde. Bei den Verdünnungsstufen 10^{-2} und 10^{-3} der Gruppe 3 sind „nur" ungefähr 10% des Nährbodens ausgetrocknet, was die relativ hohe Bakterienbelastung, im Gegensatz zu den anderen Verdünnungsstufen, erklären würde. Diese Tatsache würde auch die niedrige Zahl an koloniebildenden Einheiten der Gruppe 2 bei der Verdünnungsstufe von 10^{-2} erklären. Somit ist auch dieser Wert nicht repräsentativ.

6 Versuch 5: Photometrische Nitratbestimmung

Mit Hilfe der Photometrischen Nitratbestimmung wird sich der Effekt zu Nutze gemacht, dass eine Probe bei Bestrahlung mit Licht einer bestimmten Wellenlänge – hier: sichtbares Licht von 324nm – wiederum Energie in Form von Licht abgibt. Dies Absorption der elektromagnetischen Strahlung wird gemessen und anhand deren Werte die Konzentration eines bestimmten Stoffes – in diesem Fall Nitrat – bestimmt. Dabei macht sich der Photometer das Lambert-Beersche-Gesetz zur Extinktion zu Nutze, das besagt, dass „die Lichtabsorption einer farbigen Lösung proportional zur Konzentration einer Substanz" ist und, dass „die Lichtabsorption einer Lösung bei konstanter Konzentration der gelösten Substanz" proportional zur Weglänge des Lichts ist (www.chemgapedia.de, 2011). Nach I. Mills, et al. (1993) lautet die allgemeine Extinktionsformel des Lambert-Beerschen-Gesetzes wie folgt:

$$A = \lg\left(\frac{I_0}{I}\right) = \lg\left(\frac{1}{\tau}\right) = \varepsilon \cdot c \cdot d$$

$A = $ *dekadische Absorbanz (Extinktion E)* [1]

$I_0 = $ *Intensität des eingestrahlten Lichtes* $[Wm^{-2}]$

$I = $ *Intensität des abgeschwächten Lichtes* $[Wm^{-2}]$

$\tau = \dfrac{I_0}{I} = $ *Transmissionsgrad (veraltet: Transmission)* [1]

$\varepsilon = $ *molarer (dekadischer) Absorptionskoeffizient* $\left[\dfrac{m^2}{mol}\right]$

$c = $ *Konzentration der Probe* $\left[\dfrac{mol}{L}\right]$

$d = $ *Weglänge des Lichtstrahls durch die Probe* $[m]$

Bei der Durchführung dieses Versuchs geht man wie folgt vor: Zunächst wird aus einer Nitrat-Stammlösung mit einer Konzentration von 0,05mg/ml (50mg/L) und aus destilliertem Wasser eine Verdünnungsreihe mit 0,5mg/L, 1mg/L, 5mg/L, 10mg/L und 25mg/L Nitratlösung hergestellt und in ein Becherglas gefüllt. Diese Werte werden auf jeweils 10ml umgerechnet, sodass sich für jede Verdünnungsreihe das folgende Wasser-zu-Nitrat-Verhältnis ergibt, welches in Tabelle 13 zu sehen ist.

Gewünschte Konzentrat.	Menge an Nitrat-Stammlösung	Menge an Wasserprobe
0,5 mg/L	0,1ml	9,9ml
1 mg/L	0,2ml	9,8ml
5 mg/L	1ml	9ml
10 mg/L	2ml	8ml
25 mg/L	5ml	5ml

Tabelle 13: Herstellung einer Verdünnungsreihe und die dafür notwendigen Nitrat-Stammlösungs- und Wassermengen zur Bestimmung der Eichgerade

Zusätzlich zu dieser Verdünnungsreihe wird noch eine Blindprobe genommen, die 10ml destilliertes Wasser enthält. Theoretisch müsste sich für die Blindprobe eine Extinktion von 0 ergeben. Durch Fehler im Messverfahren, durch störende Signale, oder Analysefehler, weicht dieser Wert jedoch von 0 ab. Diese Standardabweichung wird anschließend von den tatsächlichen Messergebnissen abgezogen (Ebel, et al. 1987). In diesem Fall bezieht der Photometer diesen Wert automatisch in seine Messung mit ein. Anschließend wird zu je 2,5ml Verdünnungslösung, auch zu der Blindprobe, 20ml Säuremischung, bestehend aus 95-98%iger Schwefelsäure und 85%iger Phosphorsäure im Verhältnis 1:1, und 2,5ml Dimethylphenollösung gegeben und vermischt. Das 2,6-Dimethylphenol bewirkt im stark sauren Milieu, zusammen mit den Nitrat-Ionen, eine Bildung von 4-Nitro-2,6-Dimethylpenol, welches sich bei einer Wellenlänge von 324nm photometrisch messen lässt. Bei diesem Energiewert sondern nur Nitrationen Lichtwellen ab und können daher genau charakterisiert werden. Das Nitrat in einer Wasserprobe entsteht vor allem durch bakterielle Nitrifikation im Boden, aber stammt auch aus stickstoffhaltigen Mineralen im Untergrund. In oberflächennahen Gewässern stammt das Nitrat vor allem anthropogen aus der Düngung in der Landwirtschaft, aus dem Reisanbau und aus der Verbrennung fossiler Energieträger. Nach 10 Minuten Reaktionszeit wird aus jedem Becherglas 1ml in eine Küvette pipettiert und mittels Photometer bei 324nm vermessen. Dabei erhält man die folgenden Ergebnisse (Tabelle 14).

Konzentration (NO_3N_1) [ml]	Absorption/Extinktion [ε]
0,05	0,046
1	0,027
5	0,118
10	0,245
25	1,327
0 (Blindwert)	0 (Blindwert)

Tabelle 14: Extinktionswerte für jede Verdünnungsstufe, ermittelt anhand eines Photometers

Anhand dieser Ergebnisse kann nun eine Eichgerade erstellt werden.

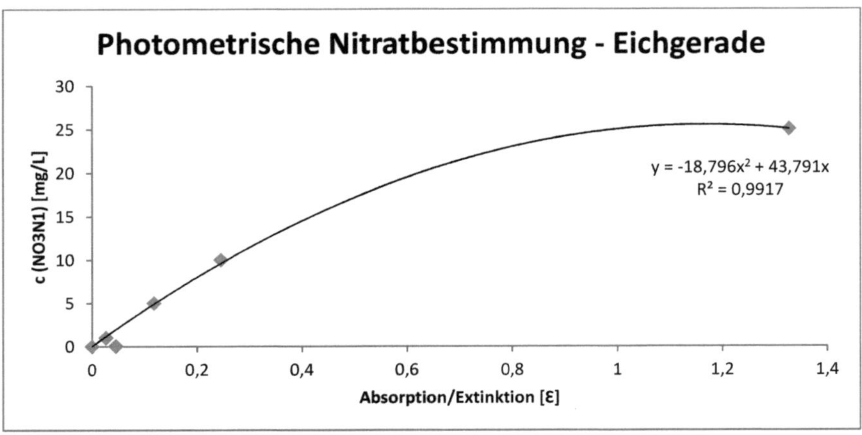

Abbildung 1: Erste Eichgerade, erstellt anhand der Messwerte aus Tabelle 14

Wie zu erkennen ist, fällt der Wert für die 25ml-Konzentration besonders aus der Reihe, da ab dieser Konzentration die Gerade „durch nicht vorhandene Monochromasie" eine „Krümmung in den Bereichen höherer Konzentration" erfährt (www.aquaristikimdetail.net, 2005). Dadurch kommt es ab dieser Konzentration zu einem Fehler in der Eichgerade und somit in der Bestimmung der Nitrat-Konzentration, weswegen dieser Wert herausgenommen wird. Der Wert für die 0,05ml-Konzentration scheint ein Messfehler zu sein, weswegen dieser ebenfalls zur Erstellung der Eichgerade herausgenommen wird.

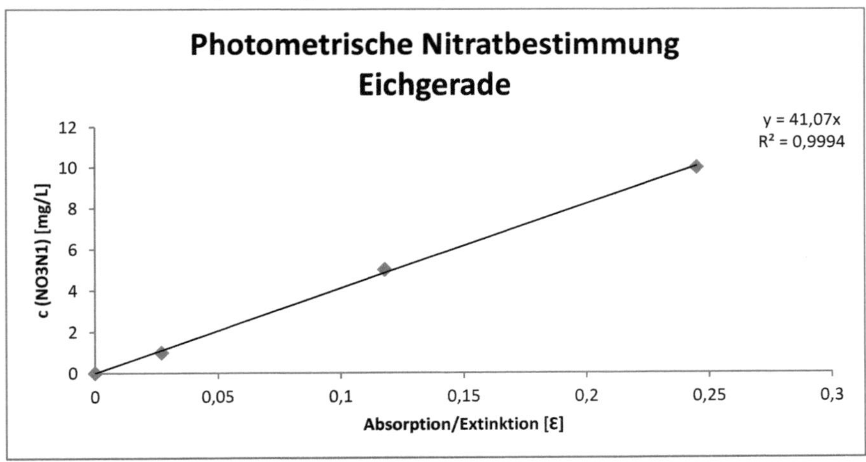

Abbildung 2: Eichgerade, erstellt unter Berücksichtigung von aufgetreten Messungenauigkeiten aus Tabelle 14

Nach Abschluss der Eichung werden 10ml der gekühlten und gefilterten Grundwasser- und Brunnenwasserprobe genommen und mit 100mg Amidosulfonsäure vermischt, um störendes Nitrat zu entfernen. Das Ganze dauert etwa 10 Minuten. Anschließend wird auf je 2,5ml Wasserprobe 20ml Säuremischung und 2,5ml Dimethylphenollösung gegeben und vermischt. Nach 10 Minuten Reaktionszeit wird das Ganze wiederum mittels Photometer bei 324nm vermessen. Dabei erhält man für die Grundwasserprobe eine Extinktion von 0,011 und für die Brunnenwasserprobe eine Extinktion von 0,152. Anhand der erstellten Eichgerade kann, mit Hilfe dieser Werte, die Konzentration an Nitrat-Stickstoff in der Wasserprobe abgelesen werden. Für das Grundwasser ergibt sich so eine NO_3N_1-Konzentration von ungefähr 4,5mg/L und für das Brunnenwasser ungefähr 7mg/L NO_3N_1. Vergleichen mit den anderen durchgeführten Versuchen, die eine Nitratbestimmung beinhielten, weichen die erhalten Ergebnisse stark von den anderen Versuchen ab. So erhielt man bei der Ionenchromatographie für das Brunnenwasser einen Nitratwert von 8,58 mg/L (Differenz von 1,58mg/L) und für das Grundwasser einen Nitratgehalt von 2,13mg/L (Differenz von 3,27mg/L). Die Differenzen in den Gehalten liegen entweder in den großen Ionenbilanzfehlern bei den Wasserproben begründet (6,16% beim Brunnenwasser und 4,83% beim Grundwasser), oder aber in einer fehlerhaft erstellten Eichgerade, die zudem nur eine grobe Aussage über den Nitratgehalt zulässt. Der Schnelltest zur Ammoniumbestimmung ergab hingegen einen Nitratgehalt von 0mg/L für beide Proben, was vermutlich an einer fehlerhaften Durchführung und der Ungenauigkeit des Tests selbst lag, was allerdings noch in Versuch 7 näher diskutiert wird. Nichtsdestotrotz liegen beide Wasserproben, laut der Trinkwasserverordnung von 2011, weit unterhalb des zulässigen Höchstwerts von 50mg/L, was auf eine geringe Verunreinigung durch Dünger etc. hindeutet. Dies ist jedoch, besonders in Hinblick auf die Grundwasserprobe, merkwürdig, da das Wasser aus Münster stammt – einer Stadt mit einem bekanntlich hohen Anteil an Landwirtschaft in der Umgebung.

7 Versuch 6: Titrationen – Bestimmung der Gesamthärte, der Säurekapazität/ Carbonathärte und der Basekapazität

Die Kenntnis der Wasserhärte ist vor allem für die technische und haushaltsübliche Verwendung von Wasser, beispielsweise in Waschmaschinen, für Wasserhähne und –rohre, usw., von Bedeutung. Die Härte wird anhand der Menge an Calcium- und Magnesiumverbindungen in einer Wasserprobe bestimmt. (www.wasser.de, Klaas, 2009) Anhand einer Säure- und Basetitration kann die Säure-, Base- und Pufferkapazität einer Wasserprobe ermittelt und daraus die Carbonathärte von Wasser bestimmt werden. Die

Bestimmung der Gesamthärte erfolgt mittels einer Titration mit Hilfe des Komplexbildners Dinatrium-ethylendiamin-teraacetat Dihydrat (EDTA·2H$_2$O). Die Gesamthärte setzt sich aus der temporären Carbonathärte und der permanenten Härte, gebildet aus Nichtcarbonaten, zusammen und bezeichnet somit die Konzentration an Ca^{2+}-, Mg^{2+}-, Sr^{2+}- und Ba^{2+}-Ionen (http://daten.didaktikchemie.uni-bayreuth.de, W. Wagner, 2010). Somit ist die Gesamthärte ein Maß für die gelösten Erdalkalien und Erdalkalimetalle (www.drta-archiv.de, Heidbüchel, 2011).

Zur Bestimmung der Gesamthärte wird 50ml der, gefilterten und mit Salpetersäure angesäuerten, Wasserprobe in einen Erlenmeyerkolben gefüllt und mit einer Indikator-Puffer-Tablette und 1ml konzentrierter Ammoniaklösung versehen. Dabei verfärbt sich die Wasserlösung rot. Mit Natronlauge wird die Lösung neutralisiert und anschließend wird solange EDTA-Lösung aus einer Bürette dazu titriert, bis die Farbe der Wasserlösung nach grün umschlägt. Dabei erhält man den in Tabelle 15 zu sehenden EDTA-Verbrauch.

Brunnenwasser	Grundwasser
8,2ml	19,1ml
7,9ml	18,8ml
8,1ml	18,9ml

Tabelle 15: Ermittelter EDTA-Verbrauch aus drei durchgeführten Titrationen

Für die Bestimmung der Säurekapazität K$_{S\ 4,3}$/ Carbonathärte werden 100ml der gefilterten und gekühlten Wasserprobe in ein Becherglas gefüllt, mit einem Rührfisch auf einen Magnetrührer gestellt und mit einer pH-Elektrode versehen. Anschließend wird mit Salzsäure (c=0,1mol/L) solange titriert, bis sich ein pH-Wert von 4,3 eingestellt hat. Der Säureverbrauch ist dabei in Tabelle 16 zu sehen.

Brunnenwasser	Grundwasser
2,44ml	6,03ml
2,42ml	6,04ml
2,43ml	6,03ml

Tabelle 16: Ermittelter Salzsäure-Verbrauch aus drei durchgeführten Titrationen

Zur Bestimmung der Basekapazität K$_{B\ 8,2}$ werden 100ml der gefilterten und gekühlten Wasserprobe in ein Becherglas gefüllt, mit einem Rührfisch versehen und auf einen Magnetrührer gestellt. Die pH-Elektrode wird eingetaucht und anschließend wird solange Natronlauge (c=0,1mol/L) hinzu titriert, bis sich ein pH-Wert von 8,2 eingestellt hat. Der Baseverbrauch ist dabei in Tabelle 17 zu sehen.

Brunnenwasser	Grundwasser
0,6ml	0,4ml
0,5ml	0,5ml
0,6ml	0,5ml

Tabelle 17: Ermittelter Natronlauge-Verbrauch aus drei durchgeführten Titrationen

Anhand der Mittelwerte des Säure- und Baseverbrauchs, lässt sich zusätzlich jeweils der $K_{S\,4,5}$ und $K_{B\,8,2}$- Wert auf dieselbe Weise berechnen, wie bereits in Versuch 2:

$$\frac{V\,[ml]\,\cdot\,0,1\,(c[HCl, NaOH])}{100ml\,(Probenvolumen)}$$

$$Ks4,3\,(Brunnen) = \frac{2,43ml \cdot 0,1\,(c[HCl])}{100ml} = 0,00243\,\frac{mol}{L} = 2,43\,\frac{mmol}{L}$$

$$Ks4,3\,(Gw) = \frac{6,03ml \cdot 0,1\,(c[HCl])}{100ml} = 0,00603\,\frac{mol}{L} = 6,03\,\frac{mmol}{L}$$

$$Kb8,2\,(Brunnen) = \frac{0,57ml \cdot 0,1\,(c[NaOH])}{100ml} = 0,00057\,\frac{mol}{L} = 0,57\,\frac{mmol}{L}$$

$$Kb8,2\,(Gw) = \frac{0,46ml \cdot 0,1\,(c[NaOH])}{100ml} = 0,00046\,\frac{mol}{L} = 0,46\,\frac{mmol}{L}$$

Somit ergeben sich für alle Titrationen die in Tabelle 18 zu sehenden Ergebnisse.

	Brunnenwasser	Grundwasser
EDTA-Titration	8,07ml (Mittelwert)	18,93ml (Mittelwert)
Säureverbrauch = **Säurekapazität $K_{S\,4,5}$**	2,43ml = 2,43 mmol/L	6,03ml 6,03 mmol/L
Baseverbrauch = **Basekapazität $K_{B\,8,2}$**	0,57ml = 0,57mmol/l	0,46ml = 0,46mmol/L

Tabelle 18: Ermittelte Mittelwerte für alle drei Titration und daraus resultierende Säurekapazität $K_{S\,4,5}$ und Basekapazität $K_{B\,8,2}$

Die Carbonathärte in Grad deutscher Härte (°dH) lässt sich anhand der Säurekapazität wie folgt berechnen:

$$°dH = Säurekapazität \cdot 2,8$$

Anhand dieser Formel ergeben sich für das Brunnenwasser 7,644° dH und für das Grundwasser 53,004° dH. Dabei entspricht 1°dH 17,8ppm $CaCO_3$ (www.sachverstand-gutachten.de, R. Kalinowski, 2005), was für das Brunnenwasser eine Konzentration von 136,4192ppm $CaCO_3$ und für das Grundwasser 336,954ppm $CaCO_3$ ergibt. Das Ganze muss durch das Molekulargewicht von $CaCO_3$ (40,1+12+3·16=100,1g/mol) geteilt werden. Daraus ergibt sich für das Brunnenwasser 1,36mmol/L $CaCO_3$ und für das Grundwasser 3,366mmol/L $CaCO_3$. Damit ist das Brunnenwasser, nach der aktuellen Einteilung der Härtebereiche, „weiches" Wasser (<1,5mmol $CaCO_3$, <8,4°dH) und das Grundwasser

„hartes" Wasser (>2,5mmol $CaCO_3$, >14°dH). Diese Wertangaben bezeichnet man als so genannte „temporäre Härte".

Mit Hilfe der K_S- und K_B-Werte lässt sich näherungsweise der Anteil des anorganisch gebundenen Kohlenstoffs berechnen (www.trinkwasserspezi.de).

$$DIC = Ks4,3 - 0,05 + Kb8,2$$

$$DIC\ (Brunnen) = 2,43 - 0,05 + 0,57 = 2,95\ \frac{mmol}{L}$$

$$DIC\ (Gw) = 6,03 - 0,05 + 0,56 = 6,54\ \frac{mmol}{L}$$

Für die Bestimmung der Gesamthärte muss zunächst die Stoffmengenkonzentration der EDTA-Lösung bestimmt werden. Dies erfolgt auf folgende Weise:

$$n = \frac{m}{M} \rightarrow EDTA = \frac{3,724\ g/L}{372,24\ \frac{g}{mol}} = 0,01\ \frac{mol}{L} = 10\ \frac{mmol}{L}$$

Anschließend wird anhand folgender Formel nach A. Wilmes (2001) die Wasserhärte in mmol/L errechnet:

$$Wasserhärte\left[\frac{mmol}{L}\right] = \frac{EDTA - Verbrauch\ [ml] \cdot EDTA - Konzentration\ \left[\frac{mmol}{L}\right]}{Volumen\ der\ Wasserprobe\ [ml]}$$

Anhand dessen ergibt sich, bei 50ml Wasserprobe, für das Brunnenwasser eine Härte von 1,614mmol/L und für das Grundwasser eine Härte von 3,786mmol/L. Dieser Wert gibt die Menge an Erdalkaliionen ($CaCO_3$) an, die sich in der Wasserprobe befinden. Dabei entsprechen, nach G. Schwedt (2007), 0,18mmol/L Erdalkaliionen ($CaCO_3$) 1°dH. Somit ergibt sich für das Brunnenwasser 9°dH, was dem Härtebereich „mittel" entspricht (8,4-14°dH), und für das Grundwasser 21,03°dH, was hartem Wasser entspricht (> 14°dH) (http://daten.didaktikchemie.uni-bayreuth.de, W. Wagner, 2010). Laut der Trinkwasserverordnung von 2011 überschreiten beide Wasserproben nicht den zulässigen Höchstwert der Gesamthärte von 67,5°dH.

Da Gesamthärte und temporäre Härte nun bekannt sind, lässt sich daraus die permanente Härte berechnen (http://daten.didaktikchemie.uni-bayreuth.de/, W. Wagner, 2010).

$$permanente\ Härte = Gesamthärte - temporäre\ Härte$$

$$permanente\ Härte\ (Brunnen) = 1,614\ \frac{mmol}{L} - 1,36\ \frac{mmol}{L} = 0,254\ \frac{mmol}{L}\ CaCO_3 = 1,41°dH$$

$$permanente\ Härte\ (Gw) = 3,786\ \frac{mmol}{L} - 3,366\ \frac{mmol}{L} = 0,42\ \frac{mmol}{L}\ CaCO_3 = 2,33°dH$$

Auffällig ist jedoch, dass die Härtewerte für das Brunnenwasser nach der aktuellen Verordnung voneinander abweichen. So ist das Wasser laut Karbonathärte „weich", jedoch laut Gesamthärte „mittel". Eine Erklärung würde eventuell eine ungenaue Titration liefern, denn die pH-Messelektrode arbeitet mit einer gewissen Verzögerung, sodass eventuell zu viel Säure, bzw. Base, titriert wurde. Da auch die EDTA-Titration auf einer subjektiven Farbwahrnehmung beruht, kann auch hier möglicherweise zu viel Lösung titriert worden sein. Dennoch ist weiches oder mittleres Brunnenwasser für Haushaltsgeräte besser geeignet, als das gemessene harte Grundwasser, denn dies führt zu Verkalkungen in Leitungsrohren und Geräten.

Wie schon in der Einleitung erwähnt, wurde keine normale EDTA-Lösung verwendet, sondern eine, an der Hydratwasser als Dihydrat gebunden ist (EDTA·2H$_2$O). Nimmt man nun an, man würde eine Lösung aus demselben Feststoff erstellen, aber ohne Hydratwasser, dann würde sich die molare Masse wie folgt ändern:

$$EDTA = 372{,}24\,\frac{g}{mol} - \left(2 \cdot \left(2 \cdot 1\,\frac{g}{mol}\,H + 16\,\frac{g}{mol}\,O\right)\right) = 372{,}24\,\frac{g}{mol} - 36\,\frac{g}{mol} = 336{,}24\,\frac{g}{mol}$$

Dementsprechend ändert sich auch die benötigt Menge an EDTA-Feststoff, der nötig ist, um dieselbe Konzentration von 0,1 mol/L zu erzielen, wie folgt:

$$m = n \cdot M \rightarrow EDTA = 0{,}01\,\frac{mol}{L} \cdot 336{,}24\,\frac{g}{mol} = 3{,}3624\,\frac{g}{L}$$

Somit erniedrigt sich der Bedarf an EDTA-Feststoff von 3,724g/L auf 3,3624g/L.

8 Versuch 7: Schnelltests – Gesamthärte, Carbonathärte, Sauerstoff, Phosphat, Chlorid, Sulfat und Ammonium

Die Schnelltests bieten eine Möglichkeit, um vor Ort einen groben Überblick über die vorhandene Wasserprobe zu erlangen und sich einen Einblick über die Grundparameter, wie Carbonathärte, Sauerstoff-, Phosphat-, Chlorid-, Sulfat- und Ammoniumgehalt zu verschaffen. Eine genaue weiterführende Laboranalyse ist dabei jedoch unerlässlich. Für jeden dieser Parameter gibt es jeweils einen eigenständigen Test, der nach einer beigelegten Anleitung durchgeführt wurde. Die erhaltenen Ergebnisse sind in Tabelle 19 dargestellt.

	Brunnenwasser	Grundwasser
Carbonathärte	2,3mmol/L CaCO$_3$ = 7°dH = „weich"	6mmol/L CaCO$_3$ = 16°dH = „hart"
Sauerstoff	2mg/L	6mg/L
Phosphat	0-0,25mg/L	0-0,25mg/L
Chlorid	37mg/L	72mg/L
Sulfat	110mg/L (~36,7mg/L S)	110mg/L (~36,7mg/L S)
Ammonium	0mg/L	0,2mg/L (~0,16mg/L N)

Tabelle 19: Ergebnisse der durchgeführten Schnelltests

Für das Brunnenwasser stimmt das Ergebnis der Carbonathärte mit dem aus Versuch 6 nahezu überein, denn dort erhielt man 1,36mmol/L $CaCO_3$ und 7,644°dH. Beim Grundwasser bekam man in Versuch 6 jedoch eine viel höhere Carbonathärte von 53,004°dH und einem $CaCO_3$-Gehalt von 3,366mmol/L heraus, wobei jedoch in beiden Versuchen die Einteilung in hartes Wasser gleich bleibt. Genauso stimmt auch der ermittelte Sauerstoffgehalt nicht mit dem aus Versuch 1 überein. Dort wurde für das Brunnenwasser ein Gehalt von 3,36mg/L und für das Grundwasser ein Gehalt von 0,09mg/L mittels Sauerstoffelektrode festgestellt. Besonders der Wert des Grundwassers liegt weit unter dem des Schnelltests. Hier würde die starke Abweichung womöglich daran liegen, dass der gemessene Sauerstoffgehalt während Versuch 1 vor Ort gemessen wurde. Dieser Schnelltest erfolgt jedoch ein Tag später, sodass eine Sauerstoffanreicherung durch eine nicht korrekt verschlossene Flasche möglich ist. Für die gemessenen Chlorid- und Sulfatwerte in Versuch 2 verhält es sich ähnlich. Auch hier lagen die Werte für Chlorid, mit 17,42mg/L für das Brunnenwasser und 55,69mg/L für das Grundwasser, und für Sulfat, mit 31,64mg/L für das Brunnenwasser und 42,91mg/L für das Grundwasser, weit ab von den erhaltenen Ergebnissen der Schnelltests. Lediglich der Phosphatwert stimmt sowohl mit den Schnelltests, als auch mit dem Ergebnis aus Versuch 2 überein: Bei beiden Wasserproben erhält man 0mg/L Phosphat. Der gemessene Ammoniumgehalt kann lediglich mit dem Nitratwert aus Versuch 2 und 5 verglichen werden und stimmt – wie auch schon in Versuch 5 erwähnt – nicht mit dem Schnelltest überein: Für Nitrat erhält man mittels Ionenchromatographie für das Brunnenwasser 8,59mg/L und für das Grundwasser 2,13mg/L und mittels photometrischer Nitratbestimmung erhält man für das Brunnenwasser 7mg/L und für das Grundwasser 4,5mg/L Nitrat. Im Allgemeinen lassen sich die fehlerhaften Werte auf die Ungenauigkeit der Schnelltests selbst zurückführen, da vor allem beim Phosphat- und Chloridtest, aber auch beim Sulfat- und Ammoniumtest die erhaltenen Endreaktionen mittels einer Farbtabelle abgeglichen werden müssen, um Aussagen über die jeweiligen Stoffkonzentrationen zu erhalten. Aufgrund einer subjektiven Farbwahrnehmung können so leicht große Konzentrationsunterschiede entstehen. Die stark abweichende Carbonathärte kann dagegen – wie bereits in Versuch 6 erwähnt – auf eine fehlerhafte Titration zurückzuführen sein.

Insgesamt trifft auf alle Tests die Bezeichnung „Schnelltest" nicht ganz zu, denn sie sind teilweise sehr umständlich in der Handhabung, nicht besonders geländegeeignet und nehmen auch relativ viel Zeit in Anspruch. So wird für den Sulfat-Test innerhalb bestimmter Schritte eine Erhitzung auf 40°C benötigt, was im Freien nicht unbedingt gewährleistet werden kann. Zudem hat dieser Test auch die meiste Zeit – ungefähr 30 Minuten – in Anspruch genommen. Für diesen Test, sowie für den Ammonium- und Carbonattest werden auch Substanzen benötigt, die teilweise giftig und/oder ätzend oder gesundheitsschädlich sind. Eine Entsorgung im Freien ist daher nicht möglich und daher muss zusätzlich noch ein sicherer, und möglichst von der Wasserprobe getrennter, Abtransport gewährleistet werden, was den Aufwand zusätzlich erhöht. Ansonsten sind alle Tests simpel in der Erläuterung und unkompliziert – wenn auch aufwendig – in der Durchführung. Vor allem der Sauerstofftest entspricht einer einfachen und schnellen Durchführung.

Grundsätzlich sind einige Schnelltests ganz gut, um sich im Gelände eine Vorstellung von der Wasserprobe zu machen, wie der Sauerstoff-, Chlorid- und Phosphattest, für die anderen Tests kann die dafür notwendige Zeit und auch der nötige Aufwand gespart werden und dafür besser in eine intensive Laboranalyse investiert werden.

9 Versuch 8: Messung des gelösten und ungelösten organischen und anorganischen Kohlenstoffs mittels TOC-Analysator

Mit Hilfe dieses TOC-Analysators, der auf einer Verbrennungsmethode basiert, kann der organische und anorganische Kohlenstoff einer Wasserprobe bestimmt werden. Dabei kann sowohl der DOC- und TOC-Gehalt, als auch der DIC- und TIC-Gehalt mit einer hohen Genauigkeit von einigen µg/L analysiert werden. Dabei erfasst der Analysator jedoch nur die Schadstoffe, die auf einer Kohlenstoffverbindung basieren und diejenigen, die innerhalb der Nachweisgrenze des TOC-Analysators liegen. Alle anderen Schadstoffe werden nicht ermittelt. Das Prinzip der TOC-Analyse beruht zunächst „auf der Oxidation der im Wasser enthaltenen Kohlenstoffverbindungen und der anschließenden Bestimmung des dabei entstandenen CO_2 (Kohlenstoffdioxid)" (www.wikipedia.de, Gesamter organischer Kohlenstoff, 2011). Dabei wird in einem Glasrohr, indem ein Katalysator aus Platin-Metallkugel ruht, eine Temperatur von 680°C und damit Verbrennung erzeugt. An der Platin-Oberfläche kann anschließend die Oxidation zu CO_2 durch die erzeugte Verbrennung stattfinden. Zur Bestimmung des organischen Kohlenstoffs mittels Direktverfahren, leitet ein Trägergas, bestehend aus reinem Sauerstoff (Druckluft), das gasige CO_2 zum NDI-Detektor hin und begünstigt zusätzlich die vollständige Oxidation zu CO_2. Zur Bestimmung des anorganischen Kohlenstoffs mittels Direktverfahren, muss die Probe erst angesäuert werden. Dadurch fällt Hydrogencarbonat und CO_2 aus. Das Trägergas treibt wiederum das gebildete CO_2 zum NDI-Detektor. Der Nichtdispersive Infrarotdetektor (NDIR-Detektor) misst anschließend, ohne Spektrometer und mittels monochromatischen Lichts, die Konzentration über die Zeit. Die entstandene Peakfläche „ist dabei ein Maß für den aus der Probe freigesetzten Kohlenstoff" (www.wikipedia.de, Gesamter organischer Kohlenstoff, 2011). Für die Durchführung des Versuchs wird zunächst ein Teil der ungefilterten Probe für den TOC- (als NPOC) und den TIC-Gehalt unbehandelt belassen, da hierbei der gesamte Gehalt an Kohlenstoff gemessen wird. Für die DIC- und DOC-Messung dagegen will man nur den Anteil an Kohlenstoff erhalten, der in der Probe gelöst ist. Dazu wird ein anderer Teil der Wasserprobe über einen Spritzenvorsatzfilter mit einer Maschenweite von 0,45µm gefiltert und anschließend dem Gerät zur DIC- und DOC-Messung übergeben. Durch die Filtration entfernt man im Vorfeld die Partikel heraus, die zu groß sind, um sich aufzulösen. So verringert man mögliche Messungenauigkeiten. Die erhaltenen Messergebnisse sind in Tabelle 20 dargestellt.

	Gruppe 1 Rheinwasser	Gruppe 2 Seewasser	Gruppe 3 Brunnenwasser	Grundwasser
DIC [mg/L C]	4,78	1,60	12,43	11,49
TIC [mg/L C]	4,71	1,30	14,25	12,69
DOC [mg/L C]	32,10	38,70	38,29	66,21
TOC [mg/L C]	33,86	45,03	39	66,85

Tabelle 20: Ermittelte DIC-, TIC-, DOC- und TOC-Werte mittels TOC-Analysator

Nach Hütter (S. 107, 1992) deutet der hohe TOC-Gehalt in allen Wasserproben auf eine Verunreinigung durch Industrieabwässer hin (>10-10.000mg/L C), wobei jedoch beim Rhein-, See- und Brunnenwasser nur eine schwache Belastung vorliegt (28-176mg/L C), beim Grundwasser die Belastung hingegen etwas stärker ist. Eine mögliche Ursache hierfür wäre eine stärkere Pestizidenbelastung im Raum Münster durch die Landwirtschaft, oder durch stärkere Industrieverunreinigungen, besonders im Bereich um die Corrensstraße. Zu diesen TOC-Werten passen jedoch nicht die gemessenen TIC-Werte. Diese müssten, nach Hütter, für alle Wasserproben weit höher liegen, nämlich zwischen 51 und 67mg/L C. Eventuell ist dies auf Messungenauigkeiten oder auf Fehler während der Probenvorbehandlung und/oder Lagerung zurückzuführen. Weiterhin liegen die Werte für den anorganischen Kohlenstoff beim Brunnenwasser besonders hoch. Vermutlich liegt dies an einem kalkigeren Untergrund, an dem der Kohlenstoff stärker gebunden ist, als im See- oder Rheinwasser. Auch das Grundwasser weist einen erhöhten Gehalt an anorganischem Kohlenstoff auf, worin die Begründung vermutlich im Gestein des Emscher-Mergels liegt, an dem der Kohlenstoff in diesem Zusammenhang gebunden ist. Weiterhin weist das Grundwasser, aber auch im geringerem Maße das Seewasser, einen erhöhten Anteil an organischem Kohlenstoff auf. Vermutlich liegt dies an einer erhöhten Aktivität von Mikroorganismen, Pflanzen und Tieren, an die diese Art des Kohlenstoffs gebunden ist.

Schaut man sich Vergleichswerte für das Rheinwasser von 1992 an (Hütter, S. 107), so liegt der gemessene DOC-Wert weit über den damals gemessenem, der zwischen 2 und 4 mg/L C lag. Möglicherweise liegt heute eine stärkere Verunreinigung vor, oder es liegt auch hier an Fehlern, die während der Messung oder Probenvorbehandlung auftraten.

10 Gesamtbewertung

Insgesamt waren alle Proben sehr gut für die jeweiligen Versuche geeignet: Für alle der vier Wasserproben bekam man, anhand der durchgeführten Messmethoden, glaubwürdige und repräsentable Ergebnisse. Bis auf wenige Ausnahmen und Abweichungen bei Versuchen, die ähnliche Ergebnisse fordern, wie beispielsweise die Schnelltests und die Ionenchromatographie für Anionen- und Kationengehalte, war dennoch eine grobe Klassifikation der Proben und eine Aussage über ihren Verschmutzungsgrad möglich. Die höhere Reinheit und geringe Bakterien- und Abwasserbelastung der Grundwasserprobe und zum Teil auch der Brunnenwasserprobe, kam durch die Versuche deutlich zum Vorschein. Auch der erhöhte Verschmutzungsgrad der See- und Rheinwasserprobe kristallisierte sich, durch ihre erhöhten Werte innerhalb jedes der durchgeführten Versuche, deutlich heraus. Aufgrund dessen, dass sich diese Proben durch ihre besonders hohen Ausschläge bei den Versuchen, deutlich von anderen beiden unterschieden und herausstachen, waren diese Wasserproben besonders von Interesse.

11 Literaturverzeichnis

1. I.Mills, T.Cvitaš, K.Homann, N.Kallay, K.Kuchitsu (1993). Quantities, Units and Symbols in Physical Chemistry (Green Book), Second Edition, International Union of Pure and Applied Chemistry, Research Triangle Park, North Carolina,

2. Willmes, A., 2001. Taschenbuch Chemische Substanzen, 2. Auflage. Verlag: Harri Deutsch, Frankfurt am Main.

3. Schwedt, G. (2007). Taschenatlas der Analytik. 3. Auflage. Verlag: WILEY-VCH, Weinheim.

4. Hölting, B., Coldewey, W. G. (2009). Hydrogeologie: Einführung in die Allgemeine und Angewandte Hydrogeologie, 7. Auflage. Verlag: Spektrum, Heidelberg.

5. Hütter, L. A. (1992). Laborbücher: Wasser und Wasseruntersuchungen, 5. Auflage. Verlag: Salle und Sauerländer, Frankfurt am Main, Salzburg.

6. Mortimer, C. E., Müller, U. (2003). Chemie: Das Basiswissen der Chemie, 8. Auflage. Verlag: Thieme, Stuttgart.

7. http://de.wikipedia.org/wiki/Blindwert (6.4.2012)

8. http://www.aquafontana.de/gesundeswasser.shtml (5.4.2012)

9. http://www.wasser-wissen.de/abwasserlexikon/s/sauerstoffgehalt_im_wasser.htm (5.4.2012)

10. http://www.wasserladen.de/Wir-wissen-alles-uebers-Wasser_21.htm#Redoxpotential (5.4.2012)

11. http://de.wikipedia.org/wiki/ICP-OES (17.3.2012)

12. http://www.chemie.uni-hamburg.de/ac/broekaert/geraete/icpoes.html (17.3.2012)

13. http://www.mbgc.icbm.de/Barni/Analytik.html (17.3.2012)

14. http://de.wikipedia.org/wiki/Ionenaustauschchromatographie (17.3.2012)

15. http://www.chemgapedia.de/vsengine/vlu/vsc/de/ch/3/anc/croma/chromatographie_gr
undlagen.vlu/Page/vsc/de/ch/3/anc/croma/basics/saulen_chr/einteilung/einteilung1_m
65ht0400.vscml.html7 (17.3.2012)

16. http://de.wikipedia.org/wiki/Wasseranalyse (18.3.2012)

17. http://www.geoconcept-systeme.de/images/screens-ai/ai-cgw-z-10.gif (18.3.2012)

18. http://www.wasser-wissen.de/abwasserlexikon/b/bsb.htm (23.3.2012)

19. http://www.lenntech.de/pse/wasser/sauerstoff/sauerstoff-und-wasser.htm Lenntech
B.V, 1998-2011 (23.3.2012)

20. http://www.wasser-wissen.de/abwasserlexikon/g/gewaessergueteklasse.htm
(6.4.2012)

21. http://www.makumee.de/Bestimmung_BSB__CSB__TOC.pdf (23.3.2012)

22. http://de.wikipedia.org/wiki/Gesamtkeimzahl (24.3.2012)

23. http://www.paul-ehrlich-schule.de/www/hessnet/Daisbach/gesamtkeimzahl.htm
(24.3.2012)

24. http://www.chemgapedia.de/vsengine/popup/vsc/de/glossar/l/la/lambert_00045beer_
00039sches_00032gesetz.glos.html (25.3.2012)

25. http://www.aquaristikimdetail.net/wbb3/technik-zubeh%C3%B6r/5879-photometrie-
und-ihre-grenzen/ (26.3.2012)

26. http://www.wasser.de/inhalt.pl?kategorie=2000113 Klaas, 2009 (26.3.2012)

27. http://www.drta-
archiv.de/wiki/pmwiki.php?n=WasserchemieWasserhaerte.Gesamthaerte
Heidbüchel, Norbert 2011 (26.3.2012)

28. http://www.sachverstand-
gutachten.de/wissenswertes/wissenswertes_umrechnung_wasserhaerte.html
Raimund Kalinowski, 2005 (26.3.2012)

29. http://daten.didaktikchemie.uni-bayreuth.de/umat/wasserhaerte2/wasserhaerte.htm
Wagner, Walter 2010 (27.302012)

30. http://www.trinkwasserspezi.de/kksggw.htm (27.3.2012)

31. http://de.wikipedia.org/wiki/Gesamter_organischer_Kohlenstoff (27.3.2012)